RÉPUBLIQUE FRANÇAISE

MINISTÈRE DE L'AGRICULTURE

ADMINISTRATION DES EAUX ET FORÊTS

EXPOSITION UNIVERSELLE INTERNATIONALE DE 1900
À PARIS

RESTAURATION ET CONSERVATION

DES TERRAINS EN MONTAGNE

LES TERRAINS ET LES PAYSAGES TORRENTIELS

(HAUTE-SAVOIE)

PAR M. BERNARD

GARDE GÉNÉRAL DES EAUX ET FORÊTS

PARIS

IMPRIMERIE NATIONALE

MDCCCC

RESTAURATION ET CONSERVATION
DES TERRAINS EN MONTAGNE

LES TERRAINS ET LES PAYSAGES TORRENTIELS

(HAUTE-SAVOIE)

RÉPUBLIQUE FRANÇAISE

MINISTÈRE DE L'AGRICULTURE

ADMINISTRATION DES EAUX ET FORÊTS

EXPOSITION UNIVERSELLE INTERNATIONALE DE 1900
À PARIS

RESTAURATION ET CONSERVATION
DES TERRAINS EN MONTAGNE

LES TERRAINS ET LES PAYSAGES TORRENTIELS

(HAUTE-SAVOIE)

PAR M. BERNARD

GARDE GÉNÉRAL DES EAUX ET FORÊTS

PARIS
IMPRIMERIE NATIONALE

MDCCCC

RESTAURATION ET CONSERVATION
DES TERRAINS EN MONTAGNE.

LES TERRAINS ET LES PAYSAGES TORRENTIELS.

(HAUTE-SAVOIE.)

CHAPITRE PREMIER.

GÉNÉRALITÉS SUR L'ARVE ET SON BASSIN DE RÉCEPTION.

L'Arve; sa source; son cours. — L'Arve prend sa source au col de Balme, aux confins de la France et de la Suisse, à l'altitude d'environ 2,200 mètres.

Depuis sa naissance jusqu'au village des Houches, elle coule du nord-est au sud-ouest; puis, de là jusqu'au Fayet, elle décrit une grande courbe, dont les deux extrémités forment une ligne orientée de l'est-sud-est à l'ouest-nord-ouest. Du Fayet à Cluses, elle suit une direction nord-nord-ouest, en dessinant dans la vallée de nombreux méandres. Enfin, de Cluses jusqu'à son confluent avec le Rhône, elle se dirige vers l'ouest-nord-ouest en suivant un lit très variable dont les sinuosités se déplacent fréquemment. Elle se jette dans le Rhône, à l'aval de Genève, à la cote 370.

Son parcours total est d'environ 100 kilomètres, dont 10 sur le territoire suisse, et sa pente moyenne de 18 millimètres par mètre.

Ses caractères hydrographiques. — L'examen de son profil en long (profil établi à l'aide des renseignements de la carte d'état-major au 1/80000) montre que les pentes de son lit varient beaucoup de sa source à son confluent.

Aussi, comme la plupart des cours d'eau, ne peut-elle pas être comprise en bloc dans l'une des catégories de la classification de Surell. Nous répartirons les diverses parties de son cours entre les classes établies par cet ingénieur, de la manière suivante :

1° RÉGIONS OÙ L'ARVE A LES CARACTÈRES D'UNE RIVIÈRE. — Ce sont celles où les pentes ne dépassent pas 15 millimètres par mètre. Il s'y produit de nombreux dépôts qui font divaguer les eaux. Celles-ci serpentent sur un lit très large qu'elles n'occupent jamais en entier.

1ʳᵉ PARTIE. — *De Chamonix au pont des Gurres*. — Il semble que, dans cette zone, l'Arve doive son caractère au torrent de la Griaz, dont les déjections, sans cesse renouvelées par des crues violentes, viennent parfois en obstruer le cours. Il se forme ainsi un seuil qui fait refluer les eaux vers l'amont, donne naissance à un lac temporaire dans lequel se produisent d'abondantes couches sableuses.

Il est à remarquer, en effet, que les matériaux de transport, à gros éléments, provenant de la Combe de Balme ou des torrents glaciaires qui se jettent dans l'Arve en amont du pont des Gurres, s'arrêtent dans cette zone de dépôt qu'ils exhaussent continuellement. Mais il est à présumer qu'avant l'activité actuelle du torrent de la Griaz, ils devaient être entraînés jusqu'au Rhône ou déposés dans les plaines dont nous allons parler maintenant.

2ᵉ PARTIE. — *Plaine de Servoz*. — La tradition rapporte qu'un immense éboulement, parti du col du Dérochoir et des rochers des Fiz, aurait momentanément coupé l'Arve en aval de Sérvoz, occasionnant ainsi dans la plaine un lac assez étendu, dont le déversoir naturel aurait été la petite vallée du Châtelard. Les nombreuses marmites de géant que l'on rencontre dans les talus de la route accusent, en effet, le passage ancien des eaux, et l'existence d'un village qui a pour nom *le Lac* ne saurait laisser de doute à cet égard. La digue, formée par éboulement, aurait peu à peu été minée par des infiltrations, et le niveau du lac se serait progressivement abaissé, à tel point que les habitants de la petite vallée dont nous venons de parler auraient été obligés de creuser une galerie souterraine, dont on voit encore les vestiges dans le tunnel du Châtelard, pour amener les eaux dont ils venaient d'être privés, et probablement dans le but de donner de la force à leurs moulins ou à leurs scieries.

Aujourd'hui, les eaux suivent leur ancienne route, mais la plage qui formait le fond du lac n'en subsiste pas moins. C'est encore une zone de dépôt et de divagation.

3ᵉ Partie. — *De Chedde (commune de Passy) au confluent avec le Rhône.* — C'est dans cette partie de son cours que l'Arve affecte plus particulièrement les allures d'une véritable rivière. Les pentes vont peu à peu en augmentant, à mesure qu'on remonte; mais cette augmentation n'est guère rapide, puisque, sur un parcours de 75 kilomètres, elles passent de la valeur de 2 millim. 3 par mètre à 3 millim. 6 seulement. Le lit dans lequel les eaux divaguent a une largeur très variable. Si une partie vient à être abandonnée pendant un certain temps, elle se couvre rapidement d'aunes et d'hippophaës; mais bientôt, lors d'une nouvelle crue, les eaux reprennent un domaine que la végétation avait conquis.

Nous verrons plus loin quelle est l'importance des surfaces ainsi couvertes, et quelles sont les mesures qu'ont cru devoir prendre les pouvoirs publics pour rendre à l'agriculture une partie de son patrimoine.

2° RÉGIONS OÙ L'ARVE A LES CARACTÈRES D'UNE RIVIÈRE TORRENTIELLE. — D'après Surell, nous considérons comme faisant partie de cette région les zones où la pente est comprise entre 15 millimètres et 60 millimètres par mètre. Si la nature du terrain s'y prête, il s'y produit des affouillements. En amont de chacune de celles que nous avons décrites dans le paragraphe précédent, il se trouve une autre zone où l'Arve a les caractères précédents. Ce sont :

1° Du village du Tour à Chamonix;
2° Du pont des Gurres au pont Pélissier, en amont de Servoz;
3° De Servoz à Chedde.

1° Du village du Tour à Chamonix. — Dans la première, l'Arve reçoit de nombreux affluents glaciaires qui lui amènent des matériaux en assez grande quantité. Les principaux de ces tributaires sont : le torrent qui descend du glacier du Tour, celui qui amène les eaux du glacier d'Argentière, et enfin celui qui provient de la Mer de glace ou Arveiron. Les pentes, atteignant 20 millimètres par mètre, s'opposent à la formation de dépôts importants, et, d'autre part, la vitesse des eaux n'est pas encore suffisante pour déterminer des affouillements. C'est en quelque sorte une pente de compensation.

2° Du pont des Gurres au pont Pélissier, en amont de Servoz. — En amont de la seconde zone, et dans la partie comprise entre le pont des Gurres et celui de Sainte-Marie, l'Arve prend la majeure partie des matériaux qu'elle transporte au loin. Ce sont ceux que lui fournit le torrent de la Griaz (sur lequel nous avons déjà insisté) et ceux qu'elle emprunte au cône de déjection du Nant-Nalien. C'est donc une région de creusement, non pas que l'Arve exerce cette action sur ses berges proprement dites, mais sur les déjections que lui amène l'activité de ses tributaires. En aval du pont Sainte-Marie jusqu'au pont Pélissier, il ne se produit aucun affouillement; c'est une zone de trituration, par suite de l'encaissement de la rivière entre des parois très dures de grès houillers. La pente générale est de 40 millimètres environ.

3° De Servoz à Chedde. — Nous arrivons maintenant à la partie comprise entre Servoz et Chedde. La pente moyenne est de

36 millimètres. Nous avons déjà signalé l'éboulement descendu du col du Dérochoir, lequel venait s'appuyer contre une falaise abrupte formée de grès anthracifère. Depuis que l'Arve a repris son cours normal, elle n'a pas cessé d'en affouiller le pied, occasionnant ainsi des mouvements de glissement.

Nous aurons à revenir sur ce point à différentes reprises dans la suite. Ce que nous en retiendrons pour le moment, c'est que là se trouve le point de départ d'une partie importante des matériaux transportés par cette rivière.

3° RÉGIONS OÙ L'ARVE A LES CARACTÈRES D'UN TORRENT. — La partie supérieure de son cours s'étend du village du Tour au col de Balme. La pente moyenne est de 171 millimètres par mètre, soit 17 p. 100. Les terrains qui constituent le bassin de réception, qui sont en fort mauvais état, pour une grande partie du moins, contribuent à lui donner un caractère éminemment torrentiel. C'est une zone d'affouillement comme celle que nous venons de voir, mais les matériaux qui en proviennent ne constituent qu'une faible partie de ceux que l'Arve entraîne au loin. Cela tient à ce que nous sommes ici aux sources mêmes du cours d'eau, et par suite dans la partie de son cours où son débit est relativement très faible.

Ses affluents. — Après avoir ainsi jeté un coup d'œil d'ensemble sur l'Arve, nous devons consacrer quelques lignes à ses principaux affluents.

Rive droite. — Les plus importants tributaires de la rive droite sont : la Diosaz, le Giffre, la Menoge, et divers torrents sur lesquels nous aurons à revenir, comme Nant-Noir, torrent des Ruttets, torrent de Reninges.

La Diosaz descend du versant du mont Buet. Son lit est partout profondément encaissé dans des berges très résistantes. Aucune érosion importante ne s'y manifeste.

La Menoge prend sa source au col des Moises, à moins de 1,000 mètres d'altitude. C'est donc un cours d'eau de basse montagne. Elle cause fort peu de dégâts.

Nous n'en dirons pas autant du Giffre, sur lequel nous devons donner quelques détails. Il sort des glaciers du mont Roan et du Prazon, traverse les localités de Sixt, Samœns, Taninges et Marignier. Il se dirige de l'est à l'ouest, et se jette dans l'Arve à la hauteur de ce dernier village, après s'être infléchi brusquement vers le sud. De ses sources au cirque bien connu du Fer-à-Cheval, c'est un véritable torrent glaciaire. Il devient ensuite une rivière torrentielle jusqu'à 2 kilomètres en aval de Sixt, puis il affecte les allures d'une rivière jusqu'à son confluent avec l'Arve. C'est cette région qui offre à nos yeux le plus d'intérêt. De même que l'Arve en aval de Chedde, le Giffre, entre Sixt et Taninges, traverse une zone importante de dépôts où son lit est très variable. Mais les matériaux qu'il reçoit sont en partie entraînés jusqu'à l'Arve après avoir traversé le défilé de Mieussy et suivi une vallée très étroite où aucun dépôt important ne peut se produire. Ce n'est qu'à partir du pont de Marignier qu'il commence à divaguer sur ses déjections. La pente de cette région varie entre 4 et 9 millimètres (nous ne tenons pas compte, bien entendu, du défilé dont nous venons de parler et où se trouvent plusieurs cascades). Les matériaux qu'il transporte lui sont fournis, en majeure partie, à droite, par le torrent des Clévieux, qui prend sa source au col de la Golèze, et par le torrent du Foron, qui vient du col des Gets; à gauche, par les torrents de Mafond et Nancet, qui descendent du massif du Grenairon, sur le territoire de la commune de Sixt.

Un peu en amont de Marignier, à 800 mètres environ du pont mentionné ci-dessus, débouche un petit ravin qui jadis fournissait au Giffre d'assez abondantes matières. A l'heure actuelle, il ne charrie presque plus rien, grâce aux travaux que le service du reboisement y a fait exécuter. Bientôt, les berges seront complètement recouvertes de végétation.

Rive gauche. — L'Arve reçoit, à gauche, de l'amont à l'aval :

1° Divers torrents glaciaires qui proviennent des glaciers du Tour, d'Argentière, de la mer de Glace, des Bossons, de Taconnaz, du Bourgeat et de la Griaz. Nous reviendrons plus loin sur ces divers affluents.

Disons seulement que le glacier de la Griaz reçoit, à gauche, le ravin des Arandellys qui, dans la majeure partie de son cours, est un torrent d'affouillement.

2° Le Nant-Nalien, qui descend du petit plateau de Bellevue et qui vient se jeter dans l'Arve après avoir formé un cône de déjection assez important, que cette dernière ronge continuellement.

3° Le Bon-Nant, qui prend naissance au col du Bonhomme, suit le fond de la vallée de Montjoie et se jette dans l'Arve au village du Fayet, après avoir traversé les Contamines, Saint-Gervais-les-Bains, et franchi les cascades bien connues des Bains.

Il amène des quantités considérables de boues et de pierres qui lui sont fournies, à droite par divers torrents glaciaires, comme le torrent d'Armancette alimenté par le glacier de la Frasse, les torrents de Miage et de Bionnasset provenant des glaciers du même nom; à gauche, par un certain nombre de torrents à affouillement, parmi lesquels il convient de citer le Nant-Borrant, le Nant de la Reita, le Nant-Rouge et le Nant-Foudraz.

4° Le Nant de Marnaz, sur lequel nous reviendrons ultérieurement.

5° Le Borne. Ce cours d'eau descend du massif des Annes, traverse les communes de Grand-Bornand, Entremont, Petit-Bornand, Saint-Pierre-de-Rumilly, et se jette dans l'Arve un peu en aval de Bonneville. Il suit une belle gorge assez peu large en général, et souvent profondément encaissée. En réalité, il transporte très peu.

6° Le Foron de la Roche, qui, par contre, quoique ayant une faible longueur, traverse des terrains très affouillables et qui couvre fréquemment, en aval de la Roche, de grandes étendues de terrain de ses déjections. Celles-ci parviennent également jusqu'à l'Arve.

7° Enfin, le torrent de l'Aire, qui descend du Salève, charrie assez peu de matériaux. La partie inférieure de son cours est sur le territoire suisse.

Son bassin de réception. — L'étendue du bassin de réception de l'Arve mesure environ 2,030 kilomètres carrés, dont 1,955 pour la France et 75 pour la Suisse.

Zones climatologiques. — Au point de vue de la nature et de l'importance des condensations atmosphériques, nous divisons cette étendue, suivant l'altitude, en trois zones ayant chacune des caractères distincts.

Ce sont :

1° La zone des neiges perpétuelles et des glaciers, au-dessus de 2,700 mètres;

2° La zone des hautes montagnes, entre 1,500 et 2,700 mètres environ;

3° La zone des basses montagnes et des plaines, au-dessous de 1,500 mètres.

PREMIÈRE ZONE. — Elle comprend la chaîne du mont Blanc, depuis la pointe des Fours, près du col du Bonhomme, jusqu'au mont Pissoir, voisin de l'Aiguille-du-Tour, non loin du col de Balme, puis un certain nombre de sommets, comme l'Aiguille-de-la-Floriaz (2,958 mètres), les Aiguilles-Rouges (2,966 mètres), le mont Buet (3,109 mètres), le Cheval-Blanc (2,841 mètres), le Prazon (2,921 mètres), le mont Roan (2,858 mètres), la Pointe-des-Avaudruz (2,670 mètres).

Il n'y pleut pour ainsi dire jamais; c'est sous forme de neige ou de grêle que se manifestent les condensations atmosphériques. Il convient cependant de dire que du 15 juillet au 15 septembre (limites qui varient d'une année à l'autre), la pluie n'est pas rare au-dessous de 3,400 mètres.

Il n'est guère facile de se faire une idée exacte de l'importance des chutes de neige, puisque, jusqu'à ce jour, il n'a pas été possible de procéder à des mesures directes. D'autre part, les ascensions d'hiver sont très rares, et ceux qui les font ne se préoccupent guère de ces questions. De plus, au moment où il est possible, au commencement de l'été, d'entreprendre quelques courses dans la haute montagne, une certaine quantité de neige est déjà fondue. Aussi les observations que l'on peut faire ne donnent-elles que des indications sans précision. En ce qui nous concerne, nous avons constaté sur certains points, notamment sur le plateau de Tête-Ronde, que la fusion estivale pouvait atteindre environ 10 mètres d'épaisseur. Mais à quel volume d'eau correspond cette fusion; il nous est impossible de le dire, ignorant absolument dans quel état de compression se trouvait la neige aux diverses époques où nous l'avons vue. Sur le petit plateau du glacier de Tête-Rousse, et dans le cours de l'été 1899, du 12 juillet au 26 septembre, c'est-à-dire en deux mois et demi, la fusion superficielle a été de 2 mètres environ. Mais il est à remarquer que, sur ce plateau, la neige fraîche est enlevée en grande partie par le vent, au moment de sa chute, et que, par suite, cette fusion s'applique à des neiges très denses, souvent même à des névés et à de la glace.

Quoi qu'il en soit, nous ne pensons pas qu'on puisse estimer à plus de 20 mètres l'importance de l'épaisseur annuelle de la couche de neige tombée dans une région bien abritée du vent à ces hautes altitudes.

Mais si les condensations hivernales ont une pareille importance, cela ne diminue en rien celle des précipitations estivales. Les orages prennent, dans ces hautes régions, une intensité inouïe, et donnent en général naissance à d'abondantes chutes de grêle. Dans la nuit du 20 juillet 1898, par exemple, dans l'espace de deux heures au plus, il est tombé sur le glacier de Tête-Rousse une hauteur d'environ 40 centimètres de grêle. Le 29 juillet, nous en trouvions encore au moins 20 centimètres, bien qu'il ait fait assez chaud durant cet intervalle.

La forme et l'importance des condensations hivernales donnent naissance aux glaciers, sur lesquels nous n'avons rien à dire ici. En outre, et c'est là une conséquence qui nous intéresse, elles entraînent forcément, pour les torrents qui descendent de la région qui nous occupe, un étiage prolongé pendant toute la saison froide. C'est pour l'Arve et ses affluents glaciaires la période des basses eaux.

A mesure que la température se relève, ces immenses réserves commencent à fondre. L'eau de fusion, tout d'abord, se borne à imprégner la masse et à la transformer en névé. Elle ne tarde pas ensuite à ruisseler abondamment, à pénétrer dans les crevasses des glaciers, à se réunir avec l'eau de fusion superficielle de ceux-ci dans le thalweg des vallées glaciaires et à y former des torrents, d'abord invisibles, puis qui viennent apparaître au jour à la moraine frontale, à des altitudes bien inférieures à la limite des neiges perpétuelles. En ce point, leur volume s'accroît de l'eau de fusion des blocs de glace qui, à chaque instant, se détachent du front du glacier.

Dans bien des cas, la vallée suivie par le glacier a des pentes faibles; aussi le torrent qui en sort est relativement calme. Il se borne à remanier la moraine frontale, en entraînant quelques matériaux jusqu'à la rivière principale.

Dans ce cas, le glacier descend très bas.

Comme exemples de ce genre, nous citerons :

1° Glacier de Bionnasset (1,300 mètres environ);
2° Glacier de Taconnaz (1,397 mètres environ);
3° Glacier des Bossons (1,090 mètres);   Tributaires de l'Arve.
4° Mer de Glace (1,300 mètres environ);
5° Glacier d'Argentière (1,300 mètres);

Par contre, beaucoup de vallées glaciaires ont des pentes telle-
ment considérables, du moins dans leur partie inférieure, que la
masse congelée, insuffisamment retenue par son frottement contre
les flancs de la montagne, obéit à la pesanteur et se précipite
dans les abîmes en se brisant et en corrodant les parois. Réduite
ainsi en poussière impalpable et en blocs de faible dimension, sa
fusion est beaucoup plus rapide et il en résulte de véritables crues
dans le torrent. Aussi ces glaciers restent-ils comme suspendus
à d'assez grandes hauteurs.

EXEMPLES :

1° Le glacier de Tré-la-Tête (1,675 mètres);
2° Le glacier de Miage;   } Tributaires du Bon-Nant.
3° Le glacier de la Frasse;

4° Le glacier de la Griaz (2,260 mètres);
5° Le glacier du Bourgeat (2,200 mètres);   } Tributaires de l'Arve.

6° Le glacier de Foilly;
7° Le glacier du Prazon;   } Tributaires du Giffre.
8° Le glacier du mont Roan;

Il convient cependant de mentionner que, parmi ceux-ci, quelques-
uns ne descendent pas très bas, surtout parce que leur bassin de
réception est de faible étendue.

Aussi, d'une manière générale, on peut dire que tout glacier
s'avance dans les régions chaudes jusqu'à un point tel que la surface qu'il offre alors à l'action de la chaleur détermine une ablation
superficielle équivalente dans le cours d'une année à son alimentation pendant le même laps de temps.

Aussi, si les alternatives suivantes se produisent :

Fusion $=$ Alimentation, le front du glacier reste stationnaire.

Fusion $<$ Alimentation, le front du glacier s'avance vers la plaine.

Fusion $>$ Alimentation, le front du glacier recule vers la montagne.

A l'heure actuelle, tous ceux de la région qui nous occupe sont en voie de recul, suivant l'expression consacrée, mais qui naturellement n'implique pas la cessation du mouvement d'avancement.

Ruptures de poches glaciaires. — Il est un phénomène, encore à peu près inexpliqué, qui occasionne quelquefois des crues subites. Nous voulons parler de la rupture de poches sous-glaciaires. Nous rappellerons que la catastrophe de Saint-Gervais est due à une cause de ce genre. D'un autre côté, le torrent des Pèlerins est fréquemment sujet à des crues soudaines, par suite de l'écoulement rapide de grandes quantités d'eau contenues dans les crevasses du glacier des Bossons.

Ainsi donc, c'est pendant la belle saison que les torrents de cette zone débitent le plus grand volume d'eau. Chacun d'eux, dans l'espace d'une journée, a un débit maximum et un débit minimum. Mais comme ils aboutissent à l'Arve en des points différents, et après des parcours très variables, il en résulte que ces maxima et minima journaliers ne se manifestent qu'avec peu d'intensité dans la partie inférieure du cours de cette rivère. On peut dire qu'elle ne traduit en réalité que les hauts et les bas occasionnés par des changements brusques et prolongés dans la température.

En résumé, l'existence de la zone glaciaire dans le bassin de l'Arve occasionne dans ce cours d'eau une crue prolongée pendant toute la belle saison. C'est un régime analogue à celui des rivières alpestres, régime qui est bien différent de celui des rivières de plaine, où les crues d'été, assez fréquentes par suite d'orages, sont relativement très courtes.

DEUXIÈME ZONE. — Elle comprend une partie du massif du mont Blanc, de la chaîne des Aiguilles-Rouges, des contreforts du Buet et de la Dent-du-Midi, du massif de Platé, avec ses diverses pointes, de la chaîne des Aravis, en un mot les principaux sommets des montagnes du bassin.

Dans cette zone, il tombe encore beaucoup de neige; mais les chaleurs du commencement et du milieu de l'été en déterminent la fusion complète. Les pluies sont la règle en été; en automne, en hiver et au printemps, c'est au contraire la neige.

Ici, comme dans la zone précédente, les premières chaleurs déterminent la fusion; mais celle-ci, néanmoins, se produit beaucoup plus tôt, et avec beaucoup plus d'intensité. Aussi les cours d'eau traversent, pendant l'hiver, une période de basses eaux, à laquelle succède, pendant la durée de l'été, une période variable de hautes eaux, qui elle-même est suivie d'une nouvelle période de basses eaux, pendant la fin des chaleurs estivales et le cours de l'automne. Nous ne pouvons manquer de citer, à cet égard, la région caractéristique du Fer-à-Cheval, si belle et si animée par ses cascades aux mois de juin et juillet, puis qui est d'un aspect si sauvage, par suite de l'absence d'eau, pendant le reste de l'année.

Nous avons dit plus haut qu'en été les pluies sont la règle. Elles prennent, en effet, une très grande intensité, en raison de l'altitude et de la puissance des condensateurs. Les orages y sont très violents aussi, et bien souvent accompagnés de chutes de grêle. Si l'on ajoute que la végétation forestière n'atteint que très rarement les altitudes que nous avons fixées comme limite de cette zone, on se fera une idée de l'importance des crues des torrents qui y prennent naissance, importance encore augmentée par la raideur des pentes. Aussi est-ce la région où l'activité torrentielle est portée à son maximum. Suivant la nature des terrains, les torrents pourront être dangereux ou inoffensifs; en tout cas, ils ont au moment des orages des crues très soudaines.

En résumé, les phénomènes atmosphériques dont cette zone est le champ d'action peuvent se résumer ainsi :

Depuis le commencement du réchauffement jusqu'à la fin de la fusion des neiges : crues journalières ou de longue durée dans l'Arve et ses affluents, et les tributaires de ceux-ci.

Pendant la période où les neiges ont disparu (période des orages) : crues subites des torrents.

En général, ces crues n'influent que très peu sur le débit de l'Arve dans la partie inférieure de son cours, les orages étant généralement localisés. Il est cependant des cas où il n'en est pas ainsi, et où son débit se trouve, au contraire, très sensiblement augmenté. Ainsi, lors de l'orage du 20 juillet 1898, qui s'étendit sur une vaste région, l'Arve eut une crue très importante.

TROISIÈME ZONE. — Ainsi que les deux précédentes, cette région n'est pas exempte de chutes de neige; mais celle-ci disparaît de bonne heure. A la fin du mois de mai, les plus hauts sommets ont en général perdu leur manteau protecteur. Mais comme la fusion se produit en même temps que les pluies printanières, l'action propre des eaux de neige disparaît.

Pendant les premiers mois de l'année, il y pleut souvent, et comme il se produit des relèvements momentanés dans la température, ces pluies sont accompagnées de la fusion partielle des neiges jusqu'à une certaine altitude. Il en résulte des inondations du genre de celles que nous avons signalées au mois de janvier dernier. D'un autre côté, les eaux de pluie tombant lentement et quelquefois pendant plusieurs journées consécutives, s'infiltrent partiellement dans le sol qu'elles imprègnent et où elles viennent s'ajouter aux eaux de fonte des neiges qui, rencontrant de nombreux obstacles à leur écoulement, ont encore plus de facilités qu'elles à y pénétrer. D'où éboulements sur les pentes.

Pendant l'été, les orages sont moins dangereux qu'ailleurs, soit que le sol soit mieux protégé, soit que les pentes soient moins fortes.

En automne, c'est une nouvelle saison de pluies pénétrantes, comme celles du printemps. Si les chutes d'eau ont quelque peu de durée, elles occasionnent aussi des crues.

Dans cette troisième zone, il neige ou il pleut pendant l'hiver; il pleut abondamment au printemps et à l'automne, d'où crues de

faible durée, n'influant que momentanément sur le débit de l'Arve,
et éboulements sur les pentes. Dans le cours de l'été, quelques
orages locaux, accompagnés de débordements locaux eux-mêmes,
exerçant une action fort peu sensible sur le régime de l'Arve. Ce
n'est donc pas cette zone qui influe beaucoup sur le régime torrentiel des parties du cours de l'Arve, que nous avons étudiées plus
haut.

RÉSUMÉ. — Les trois zones entre lesquelles nous avons réparti
les surfaces qui composent le périmètre de l'Arve ne sont que fic-
tives, et nous ne les avons établies que pour faciliter l'analyse de
phénomènes assez complexes. En réalité, elles se fondent insensi-
blement les unes dans les autres. L'étude que nous venons de faire
aura du moins eu le mérite de montrer la part qui revient à chaque
partie dans le régime de l'Arve. Cette rivière, en tant que collecteur général des eaux, traduit dans ses manifestations les multiples
impressions qu'elle reçoit de ses divers affluents, mais elle les mé-
lange à tel point qu'elle prend une individualité propre. Cette individualité, nous la caractériserons de la façon suivante:

Hiver. — Eaux très basses. Quelques crues au moment des relèvements de
température.

Printemps. — Eaux basses. Quelques crues occasionnées par la pluie ou la
fonte des neiges dans les régions de faible altitude.

Été. — Hautes eaux persistantes pendant plusieurs mois, par suite de la
fonte progressive des neiges dans les régions de moyenne et haute altitude et
de quelques orages sur l'un quelconque des points de son bassin.

Automne. — Très basses eaux, sauf quelques crues dans les régions inférieures occasionnées par les pluies qui précèdent les chutes de neige.

Dégâts généraux. — Nous avons déjà, en étudiant les diverses particularités du cours de l'Arve, indiqué sommairement
les dégâts qu'elle cause. Nous devons maintenant insister sur cette
question, en donnant quelques détails.

Érosions. — Celles-ci se manifestent tout d'abord, avons-nous dit, dans la combe de Balme, où elle s'est creusé un lit dans un sol très affouillable. Comme conséquence, ses berges sont très instables, et d'un jour à l'autre des éboulements peuvent se produire. Ils constituent, par suite, un danger permanent pour les habitants du hameau du Tour.

Plus bas, elle corrode les cônes de déjection du torrent de la Griaz et du Nant-Nalien, sans toutefois causer de ce chef des dégâts importants.

Enfin, entre Servoz et Chedde, elle ronge le pied d'un immense éboulement qui contribue à lui fournir des quantités énormes de matériaux, et dont les mouvements successifs ont donné lieu à de grandes débâcles qui ont stérilisé une grande partie de la plaine de Passy à Sallanches, et ravagé la vallée de l'Arve jusqu'à son débouché dans le Rhône.

Cette situation est depuis fort longtemps connue; aussi a-t-on songé, à maintes reprises, à lui apporter un remède. C'est ainsi qu'en 1887 l'Administration des ponts et chaussées étudia un projet de dérivation dont les prévisions s'élevaient à la somme de 830,000 francs.

Jusqu'ici, rien n'a été fait, et c'est de l'Administration des eaux et forêts qu'on attend maintenant une solution.

Dépôts. — Nous avons signalé trois zones de dépôt dans le cours de l'Arve, mais il n'en est pas moins vrai qu'une grande partie des matières transportées est entraînée jusqu'au Rhône.

Jusqu'à l'embouchure de l'Isère, c'est l'affluent le plus important de la rive gauche de ce fleuve. Tout le monde sait, par exemple, qu'à Lyon les hautes eaux du Rhône persistent pendant plusieurs mois, et que cette particularité lui vient de ce tributaire. « Il suffira de rappeler que c'est une des curiosités de Genève d'aller voir le confluent de ces deux cours d'eau, dont l'un, sortant du lac Léman, est toujours d'une limpidité parfaite, tandis que l'autre roule des eaux bourbeuses chargées de gravier, formant un contraste frappant avec la limpidité du Rhône[1]. »

Dans la vallée de l'Arve, l'étendue des terrains compris dans le champ des inondations est de 2,762 hectares, soit 1,4 p. 100 de l'étendue totale de son bassin de réception.

Si l'on songe que ces terrains sont les mieux placés, les plus faciles à travailler, que ce sont ceux qui jouissent du meilleur climat et sur lesquels sont établies les grandes voies de communication, on se rendra compte de l'importance des terrains ainsi enlevés à l'agriculture et des dangers qui en résultent pour l'entretien des routes en bon état de viabilité. On a estimé la valeur de cette surface inculte à 6,677,000 francs.

Depuis longtemps, on cherche à protéger ces terrains à l'aide de digues. Au 31 décembre 1890, on en avait déjà construit pour une somme de 910,000 francs, sur un projet général atteignant 4 millions. C'est ainsi, par exemple, qu'en amont de Bonneville, sur une longueur de 6 kilom. 500, l'Arve a été endiguée sur ses deux rives. Il en est de même sur quelques kilomètres en amont de Sallanches.

L'expérience a montré que ce remède est insuffisant, et que, si les digues contribuent quelque temps à obliger le lit à se creuser, elles ne tardent pas à être encombrées de déjections.

On est alors obligé de les exhausser. Peu à peu, on arrive ainsi à créer un lit plus élevé que le niveau des terrains environnants, qui, par suite, sont à la merci d'une crue quelque peu violente.

Il n'y a qu'un moyen de remédier à cet état de choses, c'est celui qui consiste à retenir en montagne les matériaux, soit par le reboisement, soit, si celui-ci est impuissant, par des travaux d'art continuellement entretenus (par exemple, dans les régions où la végétation forestière ne peut se maintenir).

---

[1] GERBERON, *Procès-verbal de reconnaissance générale.*

Enfin, nous signalerons les dépenses énormes qu'on a été obligé de faire pour protéger la voie ferrée entre Saint-Pierre-de-Rumilly et le Fayet, et qui sont une conséquence du régime de l'Arve. Les travaux exécutés suffisent, il est vrai, en temps ordinaire, mais ne mettent nullement cette voie de communication à l'abri d'une crue violente.

CHAPITRE II.

ÉTUDE DÉTAILLÉE DES TERRAINS OU PAYSAGES TORRENTIELS.

Avant-propos. — DIVISION. — La région qui fait l'objet de notre étude et qui, comme nous venons de le voir, s'étend du bord du lac Léman jusqu'à la ligne de crête des massifs imposants qui séparent la France de l'Italie et de la Suisse, présente dans son ensemble, au point de vue géologique, les caractères les plus divers. Elle ressemble en cela à l'immense chaîne des Alpes occidentales, dont elle fait d'ailleurs à peu près complètement partie. Non seulement nous y retrouvons les terrains primitifs et la plupart de ceux qui se sont déposés pendant les ères primaire, secondaire, tertiaire et quaternaire, mais encore un système déterminé : un étage, voire même une assise, se retrouve en divers points avec des aspects complètement différents. Cela tient, d'une part, à ce que ces dépôts, bien que du même âge, ne se sont pas formés dans les mêmes conditions (dépôts côtiers, dépôts pélagiques), ou bien encore à ce qu'ils ont été métamorphisés après leur formation.

D'un autre côté, les mouvements orogéniques ont été si multiples et ont eu parfois une telle intensité, que c'est à peine si les géologues sont arrivés à fournir des données incontestées. A l'heure actuelle, l'histoire des Alpes commence à être bien connue, mais elle est si complexe, qu'il nous est difficile de faire ressortir, sans entrer dans quelques détails, l'allure des paysages torrentiels.

Nous ferons cette étude en divisant le périmètre de l'Arve en plusieurs parties, suivant les indications de Lory et des savants qui ont dressé la carte géologique au 1/80000 (feuille 160 *bis*, Annecy). L'étude de la nature et de la consistance des dépôts de chacune de ces zones nous permettra de mieux analyser l'influence exercée par le climat, les eaux et l'intervention humaine, et, par

4.

suite, de mieux indiquer les traits des paysages torrentiels propres
à chacune d'elles.

Nous distinguerons tout d'abord deux grands groupes:

1° Chaînes alpines;

2° Chaînes subalpines et plaines inférieures.

Ces deux groupes sont séparés par une ligne de dépression assez
profonde, jalonnée par les points suivants : col du Vieux, près du
Cheval-Blanc, partie supérieure du cours du torrent des Fonds,
col d'Anterne, l'Arve de Servoz à Sallanches, Sallanches, Cordon
et col de Mégève.

Lory distinguait quatre zones dans les chaînes alpines, savoir :

Zone du mont Rose, zone houillère, zone du trias, du lias et du
nummulitique, et enfin la zone du mont Blanc. Cette dernière
seule nous intéresse.

Quant aux chaînes subalpines, nous y établirons les coupures
suivantes :

1° Hautes chaînes calcaires;

2° Région de la brèche du Chablais;

3° Chaîne extérieure des Préalpes, Salève, Mollasse, plaine alluviale de Genève.

1° CHAÎNES ALPINES.

Zone cristalline du mont Blanc. — Elle comprend deux
massifs de roches primitives cristallines, savoir :

Chaîne du mont Blanc, chaîne des Aiguilles-Rouges, bordées à
l'ouest par une ceinture de schiste précambrien métamorphisé de
grès et schiste ardoisier anthracifère, de trias et de lias. Çà et là
quelques dépôts glaciaires et quelques éboulis.

TERRAINS PRIMITIFS ET PRÉCAMBRIENS. — *Description*. — Ces deux massifs sont essentiellement composés de micaschiste à mica blanc (mont Blanc), de micaschiste à mica blanc et de micaschiste granulitique (Aiguilles-Rouges).

Ces roches ont souvent changé de nature au passage d'injections de granit ou protogine, de granulite et d'amphibolite. Elles sont découpées en feuillets verticaux et leur dégradation lente produit des contours caractéristiques. C'est par excellence la région des Aiguilles. Le mont Blanc, seul, a des contours moins durs, car il est formé par un massif de protogine qui s'est fait jour au travers des m caschistes.

A ces massifs, nous ajouterons un ensemble de roches également redressées, très dures et qui appartiennent incontestablement aux schistes précambriens de l'ère primaire. Leur allure particulière doit être attribuée au métamorphisme auquel elles ont été soumises, soit par la chaleur au moment des éruptions de granit, soit par la compression. (Voir coupes, p. 40 et 41.)

Ce sont des schistes tantôt séricitaux et micacés, comme dans les contreforts du mont Blanc, tantôt chloriteux, tantôt enfin granulitiques.

L'ensemble ainsi formé par les terrains primitifs et les terrains précambriens découpés en feuillets redressés, parfois verticaux, est situé au-dessus de l'altitude de 1,000 mètres.

Le climat et les eaux. — Le climat y est, par suite, très rigoureux, même dans la vallée de Chamonix. Il est certain, d'ailleurs, que depuis la fin de l'ère tertiaire il a subi d'importants changements. Les derniers mouvements qui ont donné à la région qui nous occupe son relief si accentué se sont produits au début de la période pliocène. « A ce moment (LAPPARENT, *Traité de géologie*, p. 1386), les Alpes n'offraient sans doute qu'un massif d'altitude assez uniforme, impropre à concentrer les névés et à les faire converger vers un petit nombre de vallées. » Mais durant cette période, elles ont été le théâtre d'une grande activité d'érosion qui a produit le creusement des vallées principales, constitué les bassins de réception des neiges et les canaux d'écoulement des glaciers. Au début de la période pléistocène, un régime très humide s'est établi. C'est ce régime qui a donné naissance à des pluies abondantes dans les vallées, et à de la neige sur les massifs montagneux, où ont commencé à se former et où se sont développés les glaciers. Mais, ainsi que l'a montré Lapparent, « ce n'est pas le froid qui a fait naître le régime glaciaire, mais, au contraire, la combinaison d'une grande humidité atmosphérique avec l'existence de condensateurs montagneux ».

Quoi qu'il en soit, le début de la période actuelle a été marqué, dans la région qui nous occupe, par l'immense extension des glaciers, lesquels ont abandonné leurs dépôts sur une grande surface, et parfois à des hautes altitudes.

Au pavillon de Bellevue (1,812 mètres), par exemple, nous avons rencontré des blocs de schistes cristallins sur un sous-sol liasique; il est évident que ces blocs ne peuvent avoir été apportés que par les glaciers. A l'heure actuelle, ceux-ci, quoique étant réduits à de faibles dimensions, n'en contribuent pas moins à donner à cette partie de la zone cristalline du mont Blanc son cachet particulier, et à ses paysages l'allure que nous qualifierons par le mot « glaciaire ».

Pendant une grande partie de l'année, la neige couvre le sol, et son accumulation occasionne fréquemment des avalanches là où les pentes sont fortes. Mais les dégâts causés par ces avalanches ont peu d'importance; elles se bornent à entraîner et à déposer les matériaux qu'elles arrachent, par leur force, aux flancs des couloirs dans lesquels elles se produisent, matériaux qui ont été rendus mobiles par le gel et le dégel quotidiens de la période chaude de l'année.

Ces avalanches d'hiver pourraient être qualifiées de superficielles.

Nous avons vu précédemment que les phénomènes météorologiques se manifestent sous des aspects différents, suivant l'altitude, et acquièrent leur maximum d'effet pendant la période des chaleurs, période très courte aux hautes altitudes, un peu plus prolongée dans les vallées. Le caractère qui domine tous les autres, c'est la fusion des neiges. Celles-ci, amollies pendant le jour, se détachent en formidables avalanches qui causent beaucoup plus de dégâts que celles de l'hiver. Elles apportent aux glaciers la plus grande partie des matériaux qu'ils transportent.

Ces avalanches d'été sont le plus souvent des avalanches de fond.

C'est aussi la période la plus active de la vitesse d'avancement des glaciers, et celle qui correspond au plus grand débit des torrents qui en sortent.

Dans les parties basses, les pluies agissent sur les surfaces découvertes, en entraînant dans les lits des torrents une certaine quantité de matières terreuses, plus rarement de gros blocs. Mais si les pluies sont accompagnées de grêle, l'action érosive des eaux s'accroît singulièrement, étant donné que la grêle est beaucoup plus puissante pour ameublir le sol. Dans ce cas, les torrents des régions inférieures peuvent transporter de véritables laves.

Nous avons signalé plus haut la dureté des roches qui constituent le massif; il n'en est pas moins vrai que celles-ci se désagrègent et donnent naissance à des éléments de toute grosseur, qui peuvent ensuite être entraînés par les glaciers et par les avalanches ou remaniés par les eaux. Cette désagrégation est produite par des actions physiques ou mécaniques, par des actions chimiques, et enfin par des actions biologiques. En réalité, les actions chimiques et biologiques ont peu d'importance, car les unes comme les autres sont singulièrement atténuées par le froid.

Mais il n'en est pas de même des actions physiques, et plus particulièrement de celles résultant de l'eau solide: nous voulons parler de l'action du gel et du dégel, qui se manifeste tous les

jours pendant la saison des chaleurs. La disposition des roches en
feuillets verticaux est d'ailleurs éminemment propre à faciliter cette
action. Le jour, les eaux de fusion des neiges s'infiltrent dans
mille fissures, puis le refroidissement nocturne vient, qui en occasionne la congélation. Les fissures se trouvent ainsi agrandies par
la force expansive de la glace. Comme le phénomène se reproduit
continuellement, par suite des variations journalières de la température, il en résulte que des blocs, parfois énormes, se séparent
de la masse à laquelle ils étaient tout d'abord intimement liés, se
détachent d'eux-mêmes, roulent dans les précipices ou bien sont
arrachés par les avalanches. D'un autre côté, les fragments de
dimensions plus faibles sont également fissurés; ils sont capables,
comme la roche dont ils faisaient partie, de retenir une certaine
proportion d'eau d'imbibition (de 0,06 à 0,12 p. 100 d'après
Credner, *Traité de géologie*) qui, si faible soit-elle, joue dans la
zone accessible aux variations de température un rôle prépondé-
rant. Ainsi se forment les sables et les graviers anguleux qui sont
entraînés par le ruissellement superficiel ou par la grêle.

Les eaux, réunies sous forme de torrents, se bornent à transporter dans la plaine les matériaux qu'elles ont reçus, mais elles
n'exercent, en réalité, qu'une très faible action érosive propre, eu
égard à la dureté des roches sur lesquelles elles coulent, bien que
les pentes atteignent des valeurs considérables. S'il s'agit des torrents sous-glaciaires, qui apparaissent au jour souvent à de faibles
altitudes, on doit, au contraire, reconnaître qu'ils jouent un rôle
plus important et plus désastreux, en remaniant les matériaux que
les glaciers déposent sur leur moraine frontale, et en les entraînant
jusqu'à leur collecteur principal.

C'est sous la forme solide que les eaux exercent plus particulièrement leur action érosive. Et encore, cette action de la glace
ne lui est pas propre, car elle est éminemment plastique; elle doit
être attribuée aux blocs qu'elle contient et qu'elle entraîne dans
son mouvement, en déterminant des efforts de friction très éner-

giques, et par suite d'érosion contre les parois entre lesquelles
s'avance le glacier.

Intervention humaine. — La partie supérieure de la zone cristalline du mont Blanc a, de tout temps, été complètement en dehors
de l'intervention humaine, en raison de l'altitude. Ce n'est guère
que depuis un siècle qu'elle est parcourue par des touristes, chaque
année plus nombreux.

Par contre, il n'en est pas de même des parties inférieures, qui
depuis longtemps, au contraire, sont exploitées par l'homme. Cette
intervention n'a pas toujours été intelligente : elle a contribué,
pour une large part, à détruire la végétation forestière aujourd'hui
limitée aux lignes de crête inaccessibles. Les versants à pente relativement douce sont depuis longtemps livrés aux pâturages des
troupeaux, qui peu à peu ont causé la destruction des forêts, là
où leur présence aurait été si utile pour retenir les avalanches.
Nous citerons à ce sujet les quelques phrases suivantes, traduction
d'un passage du livre de M. Edward Whymper, intitulé : *A guide
to Chamonix and the Range of mont Blanc*, et qui se rapporte à l'une
des premières tentatives infructueuses d'ascension à ce sommet.
C'est un résumé d'un compte rendu donné par Bourrit dans sa
nouvelle description. Les faits se passent les 13 et 14 juillet 1775.

« Après deux heures et demie de marche, ils (les voyageurs)
arrivèrent passer la nuit au pied de la montagne de la côte. A
l'aube du jour, ils en commencèrent l'ascension par le versant de
Taconaz, et après avoir contourné l'arête, la continuèrent par
le versant faisant face à Chamonix. Ils trouvèrent un sentier sur la
montagne, et un certain nombre de moutons et de chèvres qu'on
y avait amenés pour y pâturer pendant l'été. »

Ainsi donc, déjà en 1775, on envoyait des moutons à ces hautes
altitudes (2.200 à 2,400 mètres) et il est à présumer que cette
coutume était déjà ancienne à cette époque, puisqu'il existait déjà
un sentier.

Aujourd'hui, à l'exception de quelques lambeaux couverts de sapins et de mélèzes, tous ces immenses versants ne sont recouverts que d'une mince couche de gazon. Toutefois cette imprévoyance, eu égard à la nature du sous-sol, n'a pas eu les conséquences terribles qui se seraient produites dans un massif moins solide et aussi exposé aux causes de dégradation.

Caractères des paysages glaciaires. — Nous pouvons maintenant résumer en quelques mots les caractères des paysages glaciaires.

Dans la vallée, jusqu'à 1,200 mètres d'altitude, cultures diverses et prairies. Plus haut, lambeaux de forêts sur quelques versants et sur les crêtes. Entre ces crêtes coulent les torrents et même parfois les glaciers eux-mêmes. Plus haut encore, le gazon succède à la forêt, puis disparaît à son tour; dans les thalwegs s'avancent les glaciers.

On arrive ainsi à la région des neiges perpétuelles, desquelles émergent les grandes aiguilles rocheuses qui offrent un contraste si frappant avec les contours de la région inférieure, arrondis et polis par les anciens glaciers.

Remèdes. — Il est probable que ces paysages conserveront encore longtemps leurs caractères actuels, car l'homme n'a trouvé aucun moyen de s'opposer aux actions puissantes que nous venons d'étudier. Cependant, il est une amélioration qu'il pourrait apporter : ce serait de procéder au reboisement des versants sur lesquels paissent encore quelques misérables troupeaux. D'un autre côté, il peut songer à retenir dans la montagne, par certains moyens appropriés, les matériaux apportés par les glaciers peu importants.

Nous terminerons ce chapitre en disant qu'il est heureux, en somme, que les masses rejetées dans les airs à de si grandes hauteurs par les mouvements orogéniques soient aussi résistantes qu'elles le sont. Il est facile de concevoir quelle serait l'importance des phénomènes glaciaires, si les actions que nous avons étudiées s'exerçaient sur des roches de décomposition rapide.

Grès houillers et terrains secondaires. — *Description.* — **Carbonifère.** — Le terrain carbonifère est assez abondant dans la zone cristalline du mont Blanc. Il est notamment très développé au sud-ouest des Aiguilles-Rouges, entre Chedde (commune de Passy) et les Houches. Essentiellement constitué par des schistes ardoisiers et des grès contenant quelques veines d'anthracite, il forme un ensemble très résistant situé au-dessous de 2,000 mètres en général. Par suite, il est peu exposé aux actions destructives résultant d'un climat rigoureux, et à celles des eaux. D'autre part, le manteau de végétation forestière qui le recouvre est assez bien conservé, cette végétation s'élevant, presque partout, jusqu'aux extrêmes limites où elle peut réellement se maintenir. Le passage des anciens glaciers donne aux montagnes qu'il constitue des contours arrondis caractéristiques. Telles sont les montagnes de Coupeau et du Prarion. Aucun torrent ne peut être signalé comme dangereux, partout où on le rencontre.

Trias et lias. — Si nous en exceptons quelques lambeaux de jurassique inférieur, comme celui qui s'étend des Houches aux Contamines, par le pavillon de Bellevue et la montagne de Tricot, seuls de la série secondaire, le trias et le lias sont bien représentés.

Le trias inférieur est composé de quartzite extrêmement résistant, correspondant au grès vosgien.

Le trias supérieur est composé de calcaires dolomitiques souvent transformés en cargneulles associés à du gypse. Ces terrains sont représentés au sud des Houches dans le ravin des Arandellys.

Quant aux dépôts correspondant au lias, ils n'ont pu être divisés. Ils forment un massif extrêmement puissant, composé de schistes noirs souvent métamorphisés et qu'on rencontre formant une bande assez large du col de Balme aux Contamines, en passant par le mont Lachat et le col de Voza. Il est, en outre, très développé au sud de Sallanches et jusque dans les contreforts du mont Joli (vallée du Bon-Nant). Les montagnes qu'il forme, lorsqu'elles n'ont pas été dégradées, sont arrondies et couvertes de gazon. (Exemples : le mont Lachat, au sud des Houches; montagnes avoisinant le col de Balme.)

On ne rencontre le lias que très rarement au-dessus de 2,000 mètres. Depuis le col de Balme jusqu'aux Contamines, ses couches ont été fortement comprimées et redressées et y forment un vaste syn-clinal comprimé entre la chaîne des Aiguilles-Rouges et le mont Blanc. (Voir coupes, p. 40 et 41.)

En somme, les seules roches de ces dépôts qui sont susceptibles d'une désagrégation rapide sont les cargneulles, les gypses du trias et les schistes noirs du lias.

Le climat et les eaux. — Nous sommes encore ici dans la région où les neiges persistent pendant la plus grande partie de l'année. En hiver, la décomposition des roches ne se produit pas. Par contre, l'action du gel et du dégel continue à être active lorsque le sol, privé de son manteau protecteur, est exposé à des changements brusques de température et lorsqu'il n'est pas couvert de végétation comme cela se présente fréquemment. Cette action est encore augmentée par la disposition souvent verticale, en tout cas toujours très inclinée des couches, et par les fissures desquelles l'eau peut aisément pénétrer. Les matériaux résultant de la désagrégation sont entraînés par les avalanches qui se produisent au moment de la fusion des neiges sur les versants dénudés, ou bien encore par les pluies accompagnées de grêle, qui ne sont pas rares en été, lors des orages.

En outre, les pentes étant très fortes, les eaux, insuffisamment retenues par la végétation, se réunissent rapidement dans le fond des thalwegs, où elles se grossissent des abondants matériaux fournis par le décapage. Il en résulte des laves plus ou moins liquides qui corrodent les berges et y déterminent d'importants glissements. Tel est le cas du ravin des Arandellys et des divers affluents de la rive gauche du Bon-Nant.

Il convient, en outre, de signaler l'action dissolvante que les eaux peuvent exercer sur les massifs de gypse. La gorge du ravin des Arandellys est, par exemple, presque tout entière creusée dans les gypses et dans les cargneulles; aussi cette gorge est-elle très resserrée.

Il n'est pas rare de voir d'énormes blocs de gypse s'écrouler sous leur propre poids dans le lit du torrent après avoir été préalablement disloqués par le gel et le dégel et minés par les eaux d'infiltration.

Intervention humaine. — Les terrains du lias donnent par leur décomposition un sol argileux, frais et riche, qui se couvre, quand la pente du sol s'y prête, d'une belle végétation forestière ou de beaux pâturages. Ils ont été envahis de bonne heure par les troupeaux, car, ainsi que nous l'avons vu, ils ne se trouvent que rarement au-dessus de 2,000 mètres. Les pâturages, tout d'abord mis à la disposition des troupeaux, ont été bien vite surchargés, et bientôt les forêts voisines ont été envahies à leur tour. De profondes ravines n'ont pas tardé à se creuser, et à l'heure actuelle une grande partie des surfaces est complètement dégradée ou couverte de rhododendrons. Tel est le cas des pâturages du col de Balme et de ceux du mont Lachat. Le régime hydrographique, par suite de ces abus, a lui-même été complètement changé. Un ruisseau autrefois tranquille est aujourd'hui un véritable torrent qui, en corrodant la base de ses berges, détermine le glissement et la destruction des quelques lambeaux de forêts encore existants.

Caractères des paysages torrentiels du trias et du lias. — Nous pouvons maintenant les caractériser de la façon suivante:

Profondes ravines creusées dans les schistes dont les parois sont complètement nues.

Çà et là quelques pointements de gypse ou de cargneulle dont la couleur contraste avec celle des schistes noirs.

Quelques lambeaux de pâturages en plus ou moins bon état dans la partie supérieure du bassin de réception.

Enfin quelques morceaux de forêts localisés dans les régions inaccessibles, comme, par exemple, sur les crêtes qui séparent les ravins. (Exemples : Combe de Balme, Arandellys et divers torrents tributaires de la rive gauche du Bon-Nant.)

Remèdes. — Dans ces torrents, le mal n'est pas incurable, mais il ne peut être guéri qu'à l'aide de travaux de consolidation et de reboisement qui sont assez coûteux, dont les résultats sont absolument certains, mais aussi très lents à obtenir.

TERRAINS GLACIAIRES ET ÉBOULIS. — Les glaciers, en se retirant vers les hautes montagnes, ont abandonné des quantités énormes de matériaux.

Description. — Ces dépôts, dont l'épaisseur sur certains points peut atteindre plusieurs centaines de mètres, se sont produits jusqu'à des altitudes très élevées. Ceux dont nous avons nous-même reconnu l'existence sur le plateau de Bellevue (1,800 mètres environ) nous montrent que l'épaisseur du glacier de l'Arve devait être de plus de 800 mètres à la hauteur des Houches.

Quelques moraines se retrouvent à l'altitude de 2,550 mètres sur le plateau des Rognes, et d'autres sur le plateau de Tête-Ronde, à 2,900 mètres au-dessus du niveau de la mer. Mais les blocs dont elles sont constituées sont tous très anguleux, ce qui démontre qu'ils n'ont pas été transportés à de grandes distances. Ces dépôts sont donc de date récente. Ils n'existent d'ailleurs que sur les plateaux, et on doit les considérer comme ayant été mis au jour

depuis le commencement de la phase actuelle de recul des glaciers.

Les anciens dépôts glaciaires sont très différents des moraines
modernes; les éléments en sont beaucoup moins volumineux, et la
proportion des boues qui entrent dans leur composition est beaucoup
plus considérable. On les trouve notamment entre Chamonix et les
Houches, où on les voit jusqu'au col de Voza, sur la rive gauche
de l'Arve; au sud de la ligne Sallanches-Saint-Gervais jusqu'au col de
Mégève, et enfin sur la rive droite de l'Arve entre Servoz et Passy,
où par places ils ont été recouverts par d'importants éboulis.

Mais si les formations glaciaires se trouvent un peu partout, il
n'en est pas de même des éboulis.

Ceux-ci ne se rencontrent qu'au-dessous de parois rocheuses,
sinon verticales, du moins à pentes très fortes et résultent de leur
dégradation. Nous signalerons notamment ceux qui se trouvent sur
la rive droite de l'Arve, entre Chamonix et les Houches, et qui proviennent de la désagrégation de la chaîne des Aiguilles-Rouges, et
ceux également sur la rive droite de cette rivière, qui, descendus du
col du Dérochoir, sont venus s'arrêter contre la falaise de grès anthracifère, entre Servoz et Chedde. Nous en avons déjà parlé plus haut.

Qu'il s'agisse de dépôts glaciaires ou d'éboulis, on reconnaîtra
qu'ils sont éminemment propres à l'imbibition et à l'action érosive
des eaux courantes.

Le climat et les eaux. — L'influence du gel et du dégel est pour
ainsi dire nulle, étant donné l'état de division dans lequel se trouve
déjà toute la masse. D'ailleurs, par leur situation (faibles altitudes),
ils se trouvent en dehors de la région où cette action est prépondérante.

L'hiver est une période de tranquillité pendant laquelle la
neige joue son rôle protecteur, mais, au moment de sa fusion, elle
détermine fréquemment l'imbibition complète de la masse jusqu'à
une grande profondeur. Ainsi ameublies, les boues glaciaires sont

susceptibles d'être affectées de mouvements de glissement, si elles ne sont pas suffisamment retenues par la végétation forestière. Ces glissements deviennent plus particulièrement importants lorsque la fusion des neiges est accompagnée de pluie. Ainsi se produisent des plaies qui s'agrandissent chaque année, et sur lesquelles les actions de décapage s'exercent avec force au moment des pluies d'orages. C'est alors que se creusent ces profondes ravines qui bientôt se transforment en combes, et finalement deviennent un torrent, d'autant plus dangereux qu'il trouve dans ses berges une réserve inépuisable de matières à charrier. Ce sont, par suite, des torrents à laves puissantes et qui deviennent très redoutables pour peu que leur bassin de réception soit un peu étendu. Il peut arriver aussi, et ce cas n'est pas rare, que le pied de ces dépôts soit rongé par un torrent ou une rivière. Il en résulte des glissements importants lorsqu'ils ont des pentes un peu fortes. Alors, en effet, ces mouvements affectent la masse de haut en bas jusqu'à une profondeur correspondant à la valeur de l'affouillement.

Mais le principal danger à craindre pour ces sortes de terrains, ce sont les infiltrations permanentes, qui sont d'autant plus à redouter que leur source est souvent inaccessible. Cette cause de désastre est, en général, le résultat de l'intervention humaine; dans d'autres cas, elle provient de circonstances tout à fait indépendantes de cette intervention. Quoi qu'il en soit, les conséquences sont toujours les mêmes, et se traduisent par des glissements qui agissent sur toute la masse ou du moins sur une grande partie de celle-ci.

Deux cas peuvent se présenter :

1° Dans l'ensemble du dépôt se trouvent des régions plus argileuses et, par suite, plus imperméables que d'autres;

2° La masse glaciaire repose sur une roche polie, inclinée.

Dans le premier cas, seule la masse située au-dessus de la zone imperméable se met en mouvement; cela tient à ce que celle-ci est délayée à sa surface et forme un plan de glissement.

Dans le second cas, au contraire, les infiltrations se produisent entre le roc et le dépôt, dont elles délayent la partie inférieure : d'où glissement en masse.

Quelle que soit la cause des glissements, les dépôts qui y sont soumis prennent des formes diverses. Leur surface, en effet, affecte rarement la forme d'un plan incliné sur lequel les eaux de pluie ont le temps de couler avant de s'infiltrer totalement. C'est, au contraire, une surface ondulée, avec pente et contre-pente, éminemment propre à favoriser la formation de mares ou de tourbières dans lesquelles s'accumulent les eaux de pluie. Les dépressions aquifères sont, dans bien des cas, la cause des infiltrations permanentes dont nous venons de voir les effets.

D'une manière générale, on peut dire que les causes de dégradation que nous venons d'étudier ne sont jamais isolées, mais que tous les amas glaciaires ou éboulis sont soumis en même temps à leurs actions diverses. Comme exemples de torrents creusés dans les terrains glaciaires et les éboulis, nous citerons, dans la zone cristalline du mont Blanc, le Nant-Nalien, qui forme un cône de déjection très étendu, en aval des Houches, et le Nant-Noir, qui traverse les éboulis descendus du col du Dérochoir, entre Chedde et Servoz.

Nous insisterons plus particulièrement sur ce dernier. L'éboulement de Chedde comprend tout d'abord, à la base, une certaine épaisseur de boues glaciaires, puis, au-dessus, un amas d'éboulis formé d'éléments de toutes grosseurs, à contours anguleux, mélangés à de la terre argileuse résultant de leur décomposition (ce sont des calcaires). La surface du sol forme tout d'abord une berge inclinée, nue à la base, boisée au sommet, avec quelques plages horizontales où sont formés de petits lacs, ensuite un plateau connu sous le nom de Plaine Joux, et enfin un nouveau talus incliné formé d'éboulis boisés en dessous, complètement nus au sommet.

Les infiltrations qui se produisent au moment de la fonte des neiges occasionnent quelques glissements partiels. D'un autre côté,

l'Arve corrode le pied et détermine des mouvements qui ont eu
pour résultat de donner naissance à ces plages horizontales, occu-
pées actuellement par de petits lacs.

Mais la cause la plus importante de tous les mouvements dont
cette masse est le théâtre, ce sont les infiltrations permanentes produites par un petit torrent qui descend du col du Dérochoir,
entre les éboulis et la falaise rocheuse qui s'élève jusqu'à la pointe
de Platé. Arrivé sur le plateau de Plaine Joux, ce torrent forme
un cône de déjection sur lequel il divague. La plus grande
partie des eaux qu'il amène s'infiltre dans la masse des éboulis,
donne naissance à un niveau de source dans la berge inclinée
qui va jusqu'à l'Arve. Ces sources alimentent les lacs que nous
avons signalés, ou occasionnent par elles-mêmes des mouvements
de glissement très puissants. Nous avons déjà indiqué plus haut
le danger que cet immense éboulement fait courir à la vallée de
l'Arve.

Comme on le voit, on ne peut pas dire que l'intervention
humaine, dans ce cas spécial, puisse être considérée comme un des
facteurs ayant occasionné le mal présent.

Intervention humaine. — Il n'en est pas toujours ainsi, car l'on
peut bien souvent affirmer que l'état de choses actuel résulte de
déboisements inconsidérés faits souvent dans le but d'agrandir le
domaine pastoral. Cette intervention inintelligente se manifeste
surtout dans les endroits où la pente permet au gros bétail l'accès
des pâturages. Les pentes, en général, ont été respectées; mais, au
contraire, les plateaux sont aujourd'hui complètement dépourvus
de forêts. Les infiltrations s'y produisent avec une grande intensité
à la fonte des neiges et lors des pluies d'été. Il arrive fréquemment
que ces plateaux sont assez mouvementés et que, dans les plis de
terrain, on rencontre des plages très humides, parfois même des
mares. Aussi des poches de glissement se manifestent fréquemment sur la partie boisée, car la végétation forestière est alors im-

puissante à retenir un sol imbibé à l'excès. Ce cas s'est produit en janvier 1899 dans le torrent de Bédy, qui se jette dans l'Arve, un peu en amont du Fayet et sur la rive gauche de cette rivière. Là, en effet, par suite du déboisement d'un plateau (opération relativement récente), un certain nombre de poches se sont produites dans la forêt, se sont vidées dans un thalweg, y ont formé une lave qui est venue envahir les maisons du village des Plagnes et couper la route de Genève à Chamonix.

Le mal ne tarde pas ensuite à s'étendre, et les poches de glissement se transforment bientôt en véritables ravins.

Paysages torrentiels des boues glaciaires et des éboulis. — Profondes ravines creusées dans les dépôts, là où les pentes sont fortes, et même dans les terrains boisés.

Cône de déjection plus ou moins important à la base.

Pâturages dans le dessus, où les pentes ne sont pas fortes. Le sol y est, en général, ondulé et couvert de mares et tourbières.

Ce type de torrent se retrouvera dans les autres régions que nous étudierons plus loin.

Remèdes. — Reboisement des plateaux où se produisent les infiltrations temporaires ou permanentes.

Suppression des causes d'infiltrations permanentes indépendantes de l'homme, par des travaux appropriés, comme détournements de ruisseaux, drainages.

Enfin, reboisement des terrains dégradés, après avoir exécuté certains travaux de correction indispensables pour permettre à la végétation forestière de s'installer.

Coupes. — Pour terminer l'étude de la zone cristalline du mont Blanc, nous donnons les deux coupes suivantes : l'une allant du col de Voza à l'aiguille du Goûter et au mont Blanc; l'autre du mont Blanc à l'Aiguille-Rouge.

Mont Blanc *(4810ᵐ)*

Dôme du Goûter *(4300ᵐ)*

Aiguille du Goûter *(3800ᵐ)*

Tunnel de Tête Rousse

Glacier de Tête Rousse

Crête suivie par le chemin

Plateau de Tête Ronde

Crête des Rognes *(Baraque forestière. 2800ᵐ)*

Plateau des Rognes

Col du Mont Lachat *(2070ᵐ)*
Mont Lachat *(2111ᵐ)*

Pavillon de Bellevue *(1812ᵐ)*

Col de Voza *(1675ᵐ)*

Ouest

Synclinal.

Est

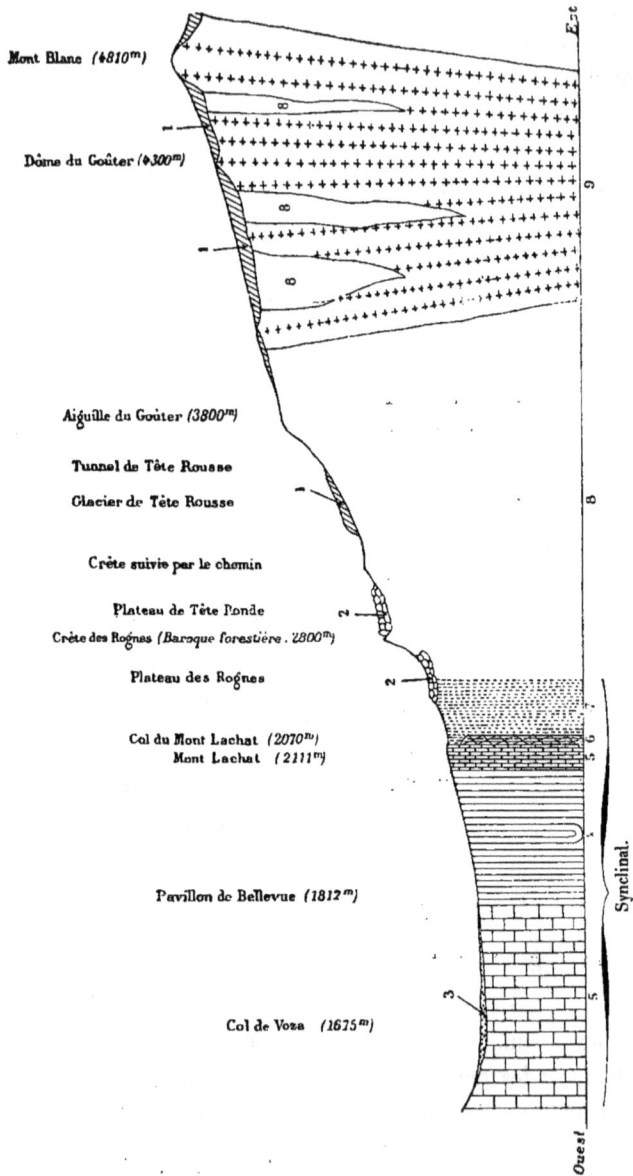

COUPE DU COL DE VOZA AU MONT BLANC.

LÉGENDE.

1. Glaciers.
2. Moraines glaciaires contemporaines.
3. Anciennes moraines glaciaires.
4. Jurassique inférieur (Bajocien et Bathonien).

5. Lias (très comprimé à l'Est).
6. Trias supérieur.
7. Schistes séricieux et micacés (Précambrien).

8. Micaschistes à mica blanc (avec intercalations d'éclogites et d'amphibolites).
9. Protogine formant une masse en éventail avec filons de granulite à grains fins.

Mont Blanc (4810ᵐ)

Grands Mulets (3050ᵐ)

Pierre Pointue (2050ᵐ)

Cascade du Dard

Chamonix (1050ᵐ)

Les Plans

Charland (1816ᵐ)

Aiguille de la Floriaz (2958ᵐ)

Autre Aiguille (2902ᵐ)

Aiguille Rouge (2966ᵐ)

Arve

Sud

Nord

Syncllnal.

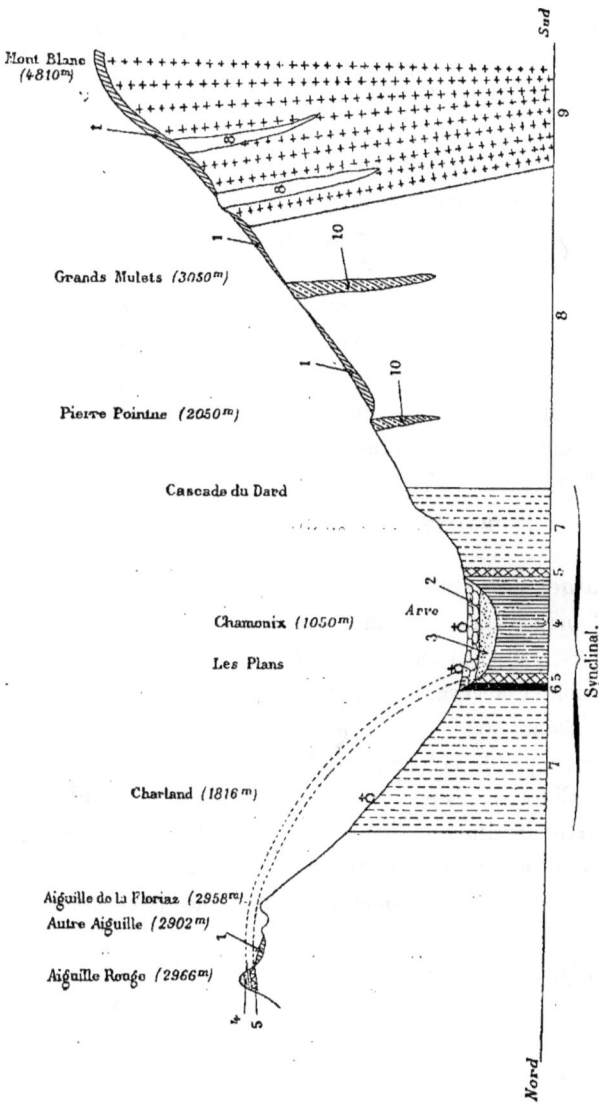

COUPE DU MONT BLANC À L'AIGUILLE ROUGE.

LÉGENDE.

1. Glaciers.
2. Éboulis.
3. Terrains glaciaires.
4. Lias.

5. Trias supérieur.
6. Grès houillers.
7. Schistes séricileux et micacés (Précambrien).

8. Micaschistes à mica blanc avec micaschistes granulitiques aux Aiguilles-Rouges.
9. Protogine.
10. Pointements d'amphibolites.

La première, nous l'avons établie nous-même.

Quant à l'autre, c'est une coupe faite par M. Michel Lévy, et que nous extrayons de la Géologie de Lapparent, en la modifiant légèrement par l'addition des terrains glaciaires et des éboulis qui n'y sont pas représentés.

Ces deux coupes feront ressortir nettement l'existence d'un synclinal entre la chaîne des Aiguilles-Rouges et le massif du mont Blanc, et montreront les dispositions relatives de divers dépôts, et l'inclinaison de leurs assises lorsqu'ils sont stratifiés.

Elles seront, en quelque sorte, la synthèse de ce que nous avons dit concernant la nature géologique du sol de la région que nous venons d'étudier, et feront ressortir l'importance de l'érosion à laquelle a été soumise la zone cristalline du mont Blanc, depuis la formation des chaînes qui la constituent.

2° CHAÎNES SUBALPINES.

Hautes chaînes calcaires. — Cette région est limitée : au sud-est par la ligne suivante : col du Vieux, partie supérieure du torrent des Fonds, col d'Anterne, l'Arve de Servoz à Sallanches, Sallanches, Cordon et Mégève, ligne qui la sépare de la zone cristalline du mont Blanc;

Au nord-ouest : par le col de la Golèze, le cours du torrent des Clévieux, le Giffre de Samoens à Taninges, le col de Châtillon, Cluses, l'Arve de Cluses à Bonneville, Saint-Pierre-de-Rumilly, Saint-Laurent et Thorens (bassin du Fier).

Les hautes chaînes calcaires comprennent les massifs orographiques suivants :

Massif de Foilly, massif de Platé, chaîne qui s'étend de Cluses à la Grande-Forclaz par la tête de Salaz, la pointe d'Areu et pointe Percée, le massif du Bargy, celui des Annes, enfin la montagne des Frêtes, qui se continue dans le bassin du Fier par le Parmelan.

Cette région, bien que très bouleversée, présente dans sa constitution géologique une grande uniformité. Nous allons l'examiner à ce point de vue aussi succinctement que possible.

Tout d'abord, on n'y rencontre ni terrains primitifs ni terrains primaires.

Terrains secondaires. — 1° *Trias.* — Le trias inférieur, sous forme de quartzites, est très développé aux environs de Mégève.

Le trias supérieur ne se rencontre que très rarement. Il est cependant représenté dans le massif des Annes par deux masses de calcaire dolomitique et de cargneulles séparées par 10 mètres de marne rouge. On n'y trouve pas de gypse.

Aussi le trias forme-t-il un ensemble suffisamment résistant. On n'y rencontre pas de torrents importants, et le danger d'en voir se former n'est pas beaucoup à redouter. D'ailleurs, en altitude, il ne dépasse pas 1,500 mètres.

2° *Lias.* — Il est très développé aux environs de Mégève, où il a le même facies que dans la zone cristalline du mont Blanc; mais ses assises ne se trouvent pas aussi puissamment relevées; fréquemment, il est disposé par assises horizontales, moins attaquables par les éléments du climat. Il ne dépasse d'ailleurs guère en altitude la cote 1,800 mètres. On le retrouve aussi dans le massif des Annes, avec un facies tout différent. Là, en effet, il est représenté par des calcaires assez résistants.

Somme toute, le lias est peu développé dans la région des hautes chaînes calcaires.

3° *Jurassique.* — Le jurassique inférieur, ou dogger (bajocien et bathonien) forme une large bande au sud-ouest de la chaîne des Aravis, et une lisière très étroite, très mouvementée, au sud de la chaîne de Platé. On le retrouve également dans le cirque des Fonds. Partout, il est dominé par les couches puissantes des étages

supérieurs. Il se présente sous la forme de calcaires disposés en
bancs réguliers, alternant avec de minces veines de marnes. Généralement, il forme des falaises presque verticales, très solides, et
desquelles se détachent de temps à autre quelques blocs qui roulent
sur les pentes et viennent accroître la masse des terrains d'éboulis,
généralement couverts de forêts, et qu'on rencontre à leur pied.

Le jurassique moyen (oxfordien et callovien) accompagne partout le jurassique inférieur. Il est représenté par des schistes argileux assez résistants, dominés par 150 mètres d'épaisseur de dalles
spathiques minces à veine siliceuse ou calcaire.

Presque partout, il forme des falaises verticales à bancs horizontaux ou peu inclinés, sauf lorsqu'il y a plissements. Le climat
et les eaux ont peu d'action sur eux.

Enfin le jurassique supérieur, correspondant au portlandien, kim-
méridgien et séquanien, est constitué par des calcaires gris foncé,
gris clair à la surface, alternant à la base avec des bancs marneux
peu épais, plus ou moins bien lités, bien lités au contraire au
sommet. Dans le massif de Platé et dans la chaîne des Aravis, il
forme des falaises abruptes de 200 mètres de hauteur avec bancs
de niveau ou presque horizontaux.

Aux environs de Sixt, au contraire, les bancs sont beaucoup
plus inclinés; souvent ils ont la même pente que le sol. Aussi cette
région est-elle très propice à la formation des avalanches. Cette
disposition est pour ainsi dire la cause de l'activité du torrent de
Nancet, qui descend du massif du Grenairon. Le portlandien supérieur, dit *berriasien*, existe sur certains points. Il est assez bien
représenté sur le bord Sud du massif de Platé, où il est constitué
par des calcaires marneux qui se décomposent assez facilement et
donnent d'abondants débris lorsqu'ils ne sont pas couverts de pâturages ou de forêts, cas assez fréquent.

4° *Crétacé.* — L'infracrétacé, qui comprend les étages néocomien, barrémien, aptien et albien, est très puissant.

Le néocomien comprend deux sous-étages que l'on peut nettement distinguer l'un de l'autre dans la région des hautes Alpes calcaires, mais qui, en dehors de cette région, n'ont pas toujours pu être séparés. Ce sont le valanginien et le hauterivien.

Le premier est représenté par des schistes noirs plus ou moins marneux, généralement peu inclinés, formant une zone à pente relativement faible.

Le second comprend des calcaires gris ou bruns assez résistants.

Le valanginien, par sa nature argileuse, est éminemment propre à la désagrégation. Sa décomposition donne naissance à une terre riche conservant de la fraîcheur. Il en résulte un sol qui se couvre de beaux pâturages, et dont la flore est très variée. Mais lorsque, pour une cause ou pour une autre, le manteau de verdure vient à être entamé, de nombreuses ravines ne tardent pas à se creuser. Le danger qui en résulte est encore accru par l'altitude à laquelle on rencontre habituellement ces terrains.

Le néocomien est dominé par un ensemble de calcaires très compacts, saccharoïdes et quelquefois oolithiques, à stratification peu accusée, auquel on donne le nom d'*urgonien*. Cet ensemble représente le barrémien et la partie inférieure de l'aptien. Les calcaires qui lui appartiennent forment une falaise abrupte de 200 à 300 mètres de hauteur. Par leur nature et par leur position et celles de leurs bancs, qui sont en général horizontaux ou peu inclinés, ils se prêtent peu à la formation des torrents. L'urgonien se retrouve un peu partout dans la région des hautes Alpes calcaires; il y constitue la partie essentielle des rochers à pic qu'on a à chaque instant sous les yeux.

Au-dessus de l'urgonien se trouve l'albien. Il est schisteux, noir, et se désagrège facilement. Toutefois, il est fort peu puissant et ne forme qu'une mince bande gazonnée ou ravinée entre l'urgonien et le sénonien. On le retrouve un peu partout sur le flanc des à-pics, notamment dans le massif de Platé. Sa présence pourrait présenter quelque danger si sa puissance était en rapport avec sa facilité de désagrégation.

Le crétacé supérieur ou supracrétacé est représenté seulement par le sénonien, qui est composé de calcaires gris bleu compacts. Il fait également partie des falaises. Dans le massif de Platé, il atteint 80 mètres d'épaisseur. Sa consistance et la disposition de ses assises, qui sont horizontales ou légèrement inclinées, le rendent peu propre à la désagrégation, bien que les mouvements orogéniques l'aient, en général, porté à de grandes altitudes.

TERRAINS TERTIAIRES. — 1° *Éocène*. — Il est représenté en entier par les calcaires nummulitiques. Ceux-ci, très résistants d'ailleurs, atteignent parfois une épaisseur de 50 mètres. Dans le massif de Platé, où ils sont disposés par bancs presque de niveau, ils forment des falaises abruptes, impropres à favoriser la formation des torrents. Dans les montagnes du Bargy et des Aravis, les bancs en sont inclinés, mais, comme ils sont très résistants, ils ne peuvent donner prise aux actions torrentielles.

2° *Oligocène*. — L'oligocène, dont l'ensemble constitue ce que l'on nomme le *flysch*, est formé de schistes argileux gris, alternant avec des bandes de gris brun. Aussi, lorsque les circonstances s'y prêteront, il pourra se désagréger facilement.

On le retrouve un peu partout, notamment aux environs de Marnaz et de Mont-Saxonnex, dans le massif de Platé et entre ce massif et le Giffre.

Il présente fréquemment à sa partie supérieure (dans le massif de Platé, par exemple) des grès mouchetés connus sous le nom de *grès de Tavéyannaz.*

C'est le dernier représentant de la série sédimentaire dans la région qui nous occupe actuellement. Il est vraisemblable que la fin de la période oligocène a vu se manifester de nombreux mouvements orogéniques, dont les derniers, qui se sont produits à la fin du miocène, ont donné aux Alpes leur relief presque définitif.

TERRAINS QUATERNAIRES. —— Les glaciers, qui ont pris une si grande extension au début de la période pléistocène de l'ère quaternaire, ont contribué dans une large mesure à donner aux montagnes l'aspect qu'elles ont aujourd'hui. Chaque massif élevé était le point de départ d'un glacier plus ou moins important.

Les glaciers locaux ont entamé profondément les masses peu résistantes. Le flysch, par exemple, qui avant leur extension avait sans doute une bien plus grande épaisseur qu'aujourd'hui, n'existe qu'à l'état de lambeaux sur de nombreux points.

Aussi les moraines glaciaires sont-elles assez importantes dans les hautes Alpes calcaires ; elles le sont toutefois beaucoup moins que dans la zone cristalline du mont Blanc. On les retrouve cependant assez souvent (exemple, à Mont-Saxonnex). Sur d'autres points, comme dans le fond des vallées, les anciennes moraines ont été profondément remaniées par les eaux et généralement recouvertes par les alluvions modernes.

Enfin les terrains éboulis sont loin d'être exceptionnels.

Le climat et les eaux. — La description que nous venons de faire nous montre que les hautes Alpes calcaires forment dans leur ensemble une masse très résistante que les agents atmosphériques, avec leur intensité actuelle, sont très lents à entamer.

Cependant, parmi les sédiments qui les composent, il en est quelques-uns, plus ou moins développés, qui doivent nous retenir quelques instants, étant donné qu'ils sont aptes à donner naissance aux actions torrentielles lorsqu'ils sont dénudés ou que la végétation qui les recouvrait a disparu sous l'influence de la rigueur du climat, de l'activité des eaux, ou enfin par suite de l'intervention humaine. Nous voulons parler des dépôts du berriasien, du valanginien, de l'hauterivien, de l'albien, du flysch et du glaciaire.

A l'exception du glaciaire, sur lequel nous avons déjà suffisamment insisté, ces divers dépôts sont constitués par des calcaires et des schistes plus ou moins argileux, dont le caractère dominant est d'être déposés en assises horizontales ou peu inclinées.

Gel et dégel. — Les roches argilo-calcaires sont éminemment propres à se désagréger. Tout d'abord, l'argile et le calcaire qui entrent dans leur composition ont des facultés d'imbibition fort différentes.

L'une se gonfle beaucoup plus rapidement que l'autre. Sous l'influence de la chaleur, que leur couleur noire rend encore plus apte à absorber, il se produit des contractions inégales qui contribuent à produire une infinité de petites fissures dans lesquelles l'eau s'infiltre. Aussi l'action du gel et du dégel exerce-t-elle une action prépondérante dans le phénomène de leur désagrégation.

Les particules mises en liberté par ce processus spécial restent sur la surface du sol, ou roulent sur les pentes, suivant leur grosseur.

Si, à ce moment, il survient une pluie abondante ou un orage accompagné de grêle, un décapage intense se produit. D'abord, toutes les matières terreuses sont emportées; elles donnent naissance à des laves d'une densité telle, qu'elles peuvent entraîner avec elles les matériaux de dimensions plus fortes, ceux, par exemple, qui, après leur chute, sont venus s'accumuler dans les thalwegs.

Sous la forme de neige, les condensations atmosphériques sont aussi très redoutables, en déterminant des avalanches. Celles-ci, en glissant sur les pentes, arrachent des blocs volumineux, contribuent aussi au décapage, en entraînant les éléments plus petits mis en liberté par le gel et le dégel, et viennent s'accumuler dans les dépressions. Leur fusion détermine ainsi un dépôt qui viendra augmenter le volume des crues d'orages. De plus, il pourra arriver que leur fusion ne soit pas complète au moment où les crues se produisent : dans ce cas, elles sont entraînées et augmentent, dans une certaine mesure, la puissance d'affouillement de la lave formée.

Les avalanches fournissent au torrent du Nancet (commune de Sixt) la plus grande partie de ses matériaux. Ils proviennent de la désagrégation du néocomien, qui forme la partie supérieure du massif du Grenairon.

Ravinement. — Les terrains argilo-calcaires sont très sujets au ravinement. Les crues d'eau ou les laves y creusent de profondes dépressions. Leur action est d'autant plus énergique que les pentes sont plus fortes. Aussi n'est-il pas rare de rencontrer, dans ces sortes de dépôts, des thalwegs dans lesquels il est très difficile de passer. C'est ce qui existe, par exemple, dans le bassin de réception du torrent de Reninges.

Intervention humaine. — La période glaciaire a dû diminuer beaucoup les aspérités du sol. Aussi, lorsqu'elle a pris fin, ne devait-on pas rencontrer d'aussi profondes ravines qu'à l'heure actuelle. Sous l'influence d'un réchauffement progressif, les terrains se sont couverts de végétation forestière et herbacée.

Ces terrains devaient donc se trouver en bon état, lors de l'apparition de l'homme. Celui-ci trouva tout d'abord dans la vallée tout ce qui était nécessaire à la satisfaction de ses besoins. La population augmentant peu à peu, il dut progressivement étendre ses cultures vers les hauteurs, en même temps que ses troupeaux furent obligés d'aller quérir leur nourriture jusque sur les montagnes élevées. Alors commença la lutte contre les forêts et l'abus des pâturages, phase qui se continue encore de nos jours. Nombreux sont les documents qui établissent l'existence d'anciennes forêts, là où l'on voit partout aujourd'hui la ruine et la désolation.

C'est donc à l'intervention humaine (déboisements, abus du pâturage surtout) que doit être attribué l'aspect si triste des flancs escarpés de la chaîne des Aravis et du massif de Platé. Il est à remarquer que les versants exposés à l'est, au sud-est et au nord-est (chaîne des Aravis, partie faisant face à l'Arve) sont mieux conservés que ceux dont l'exposition est plus chaude et où, par suite, le sol, plus exposé à la sécheresse, met plus longtemps à réparer le dommage qu'il a subi (bord occidental et méridional de la chaîne de Platé).

C'est donc là que nous devons trouver les torrents les plus dangereux, et c'est ce qui se passe en réalité. Exemples : le torrent des Ruttets, de Reninges, de la Rippaz et le Nant de Luth, tributaire de ce dernier.

Paysages torrentiels des hautes chaînes calcaires. — Voici maintenant quels en sont les traits caractéristiques :

Falaises abruptes superposées, appartenant surtout au jurassique inférieur, moyen et supérieur, à l'urgonien, au sénonien, et enfin au nummulitique, la falaise urgonienne étant généralement plus apparente que les autres;

Quelques bandes horizontales de pâturages, très ravinées, appartenant au néocomien (entre la falaise jurassique et la falaise urgonienne);

Plus rarement, une autre bande située au-dessus de l'urgonien, entre celui-ci et le sénonien.

Exemples : les paysages que présentent les torrents de Reninges et des Ruttets (commune de Passy), et le torrent de la Rippaz (commune de Magland).

Le torrent de Marnaz, qui prend sa source dans le massif urgonien du Bargy, a des allures un peu spéciales, tenant à ce que la plus grande partie de son bassin de réception est creusée dans les schistes argileux du flysch, çà et là couverts de glaciaire.

Il en est de même des torrents de Mafond et de Nancet, près de Sixt.

Le premier se trouve dans le glaciaire; le second, dans un massif de jurassique supérieur, dominé par du néocomien.

Remèdes. — Le mal n'est pas incurable, car partout les terrains dégradés sont dans la zone forestière. Toutefois, là où les thalwegs sont très profonds, il sera beaucoup plus difficile à guérir, tandis que sur les points où les pentes ne sont pas trop fortes, il est immédiatement réparable.

Nous donnons une coupe du massif de Platé. Elle fera ressortir la position relative des terrains et la valeur des pentes.

COUPE SUIVANT SENSIBLEMENT L'AXE DU TORRENT DE RENINGES.

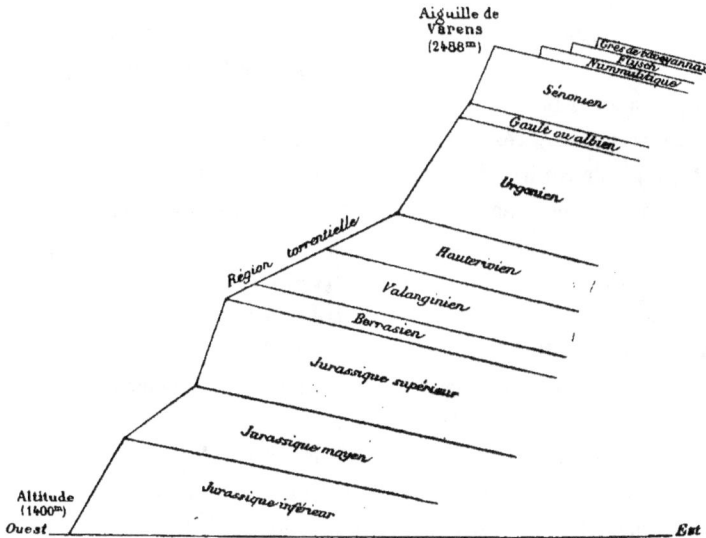

Région de la Brèche du Chablais. — Elle est limitée par la ligne suivante : Col de la Golèze, torrent des Clévieux, le Giffre de Samoens à Mieussy, et le cours supérieur du Risse. Par suite, son étendue dans le bassin de l'Arve est très limitée.

Le trias y est largement représenté par des cargneulles, des calcaires dolomitiques et du gypse (Exemple : partie inférieure du cours du torrent des Clévieux).

Le lias y est très puissant. Il est formé de schistes foncés, à bancs peu inclinés, d'une décomposition très facile sous l'influence des agents atmosphériques (Exemple : cours supérieur du torrent des Clévieux).

Le jurassique prend le facies bréchiforme dans toute son épaisseur. C'est cette allure spéciale qui a valu à cette région son nom particulier. D'une désagrégation facile, car il contient beaucoup de schistes intercalés dans les bancs de brèches (conglomérat à éléments anguleux), il est capable de fournir d'abondants aliments à l'activité des torrents.

Heureusement, il est relativement peu développé dans le bassin de l'Arve et, d'ailleurs, presque partout, il est recouvert de pâturages en assez bon état.

Le crétacé est très peu développé, ainsi que l'éocène (nummulitique); par contre, le flysch (oligocène) y existe sur de grandes surfaces avec le même facies que dans la haute chaîne calcaire.

Il est fréquemment recouvert de glaciaire, comme, par exemple, aux environs des Gets. Aussi on y rencontre quelques torrents, comme l'Arpettaz et le Mardaré, tributaires du Foron, qui lui-même est un affluent du Giffre (rive gauche).

C'est donc dans le trias, le lias, le flysch et le glaciaire que se trouvent les principaux torrents.

Le climat et les eaux agissent sur les terrains avec l'énergie que nous avons décrite en parlant de la zone cristalline du mont Blanc et des hautes Alpes calcaires. Comme ailleurs, leur état de dégradation actuel doit être attribué à l'intervention humaine, sous forme de déboisement ou d'abus de pâturage.

Paysages torrentiels du trias et du lias. — Gorge du torrent encaissée dans les cargneulles et les gypses.

Bassin de réception en forme de combe creusée dans les schistes du lias, dont les strates sont horizontales ou peu inclinées.

Bords des combes très nets. On passe brusquement du terrain nu aux pâturages, en plus ou moins bon état.

Forêts continues dans la région de la gorge, souvent endommagées par des glissements provenant de l'érosion de la base des berges. Quelques bosquets dans les régions supérieures.

Exemple : torrent des Clévieux.

Paysages torrentiels du flysch et du glaciaire. — Nombreuses ravines, à pentes relativement douces, creusées dans les boues glaciaires. Quelquefois, dans les schistes, glissements des boues sur leur substratum naturel, par suite d'infiltrations.

Pâturages en mauvais état, tout autour des ravines.

Forêts reléguées au sommet des crêtes.

Exemples : divers torrents sur la commune des Gets.

Chaînes extérieures des Préalpes (*Salève, Mollasse, Plaine alluviale de Genève*). — Nous avons peu de chose à dire sur cette zone, qui forme le reste du bassin de l'Arve. On y retrouve quelques lambeaux de trias, de lias, de jurassique (Môle) et de crétacé (Salève), puis quelque peu de flysch et de mollasses. Ce qui domine surtout, ce sont les dépôts glaciaires.

Les massifs les plus importants sont celui du Môle, qui ne dépasse pas 1,900 mètres, et celui du Salève, entièrement au-dessous de 1,400 mètres d'altitude.

Dans son ensemble, la région est couverte de cultures. Les forêts sont localisées sur les flancs montagneux. Comme les altitudes sont faibles, le sol est en bon état de conservation.

Cependant, le terrain glaciaire est, sur de nombreux points, raviné. Aussi bien, il s'y est formé un certain nombre de torrents, dont l'on des plus importants est le Foron de la Roche. Il présente de faibles pentes, mais, malgré cela, il corrode fortement ses berges, que les habitants, dans leur imprévoyance, ont déboisées. Il détermine, par suite, dans ces berges, des glissements. Quelques-uns de ceux-ci sont dus à des infiltrations; tel est celui qui se trouve au-dessous du village de Lavillat.

C'est également dans le terrain glaciaire que se trouve le Grand ravin de Marignier.

I. — GLACIER D'ARGENTIÈRE. Paysage glaciaire.

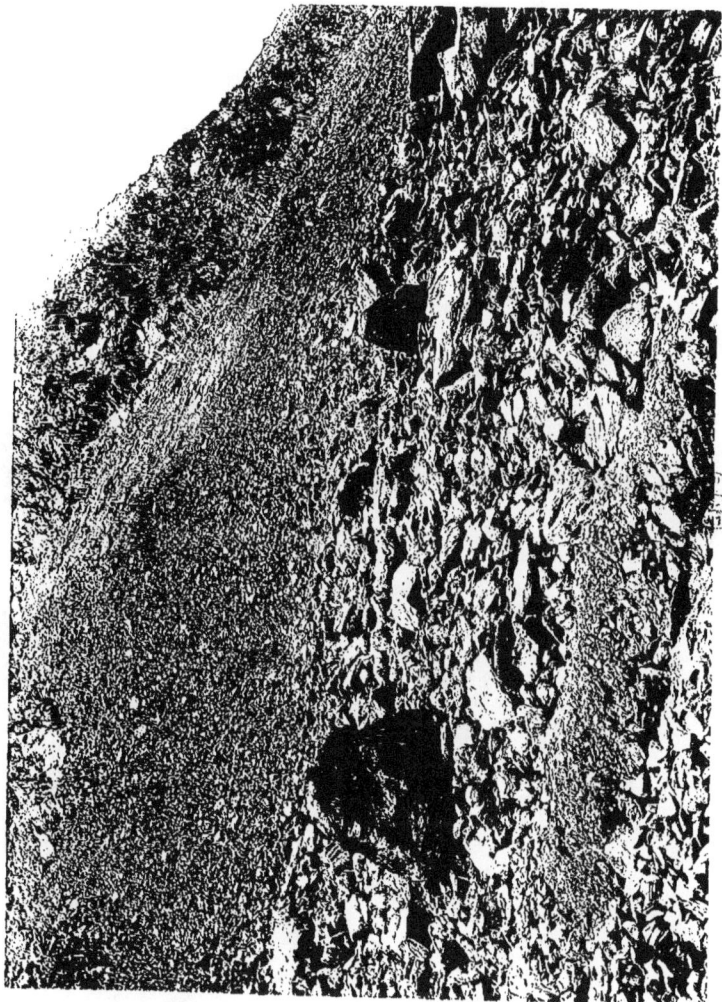

II. — Plateau des Rognes. Paysage glaciaire.

III. — RAVIN DES ARANDELLYS. Paysage torrentiel du Trias et du Lias.

IV. — LE GRAND RAVIN DE LA SÉRIE DE MARIGNIER. — Paysage torrentiel des boues glaciaires.

V. — TORRENT DE RENINGES. Paysage torrentiel du jurassique.

VI. — Bassin de Réception du Torrent de Reninges. Paysage torrentiel
des hautes chaînes calcaires.

www.ingramcontent.com/pod-product-compliance
Lightning Source LLC
Chambersburg PA
CBHW070817210326
41520CB00011B/1988